Inventando Máquinas

Tara Chklovski

una publicación de

Publicado por:
IRIDESCENT
532 22nd Street
Los Angeles, CA 90007

Patrocinado por:
Office of Naval Research (O.N.R.)

Escrito por:
Tara Chklovski

Editado por:
Ioana Urma

Traducido al Español por:
Yvette Ruiz Johnson

Diseño de Libro e Ilustración de Cubierta por:
IOANA/Ioana Urma
La cubierta es un dibujo del "Mural Cómo Funcionan Las Cosas" basado en los temas educativos de Iridescent, pintado en el primero espacio de Iridescent LA Estudio de Ciencias (17'x20', 2010).

Fotografiado por:
Anna Beatriz Galvao
Mariana Rutigliano
Linda Wong

Modelos experimentales por:
Alay Bhayani
Jeffrey Cui
Shraddha Doshi
Gloria Hernandez
Juan Hernandez
Christopher Hong
Darryl Hwang
Denisa Lleshi
Dorina Lleshi
Matthew Miller
Nellie Querns
Elizabeth Windler

Consultores Técnicos:
Tim Chklovski
Toby Cumberbatch
Sylvie Denuit
Matthew Loth
John McArthur
Kevin Miklasz
Thomas Stakelon
Sinchai Tsao

Consultores Pedagógicos:
Erika Allison
Vanessa Garza
Luz Rivas

Tipo de letra:
Avenir, por Adrian Frutiger, 1988

haz una...

¿Alguna vez te has preguntado cómo funcionan las alas de una gavota o cómo puede tu corazón bombear la sangre en sentido contrario a la fuerza de gravedad, o cómo un globo de aire caliente es capaz de levantar cientos de libras tan solo con aire caliente? Estas son algunas de las cosas asombrosas que aprenderás – al crear tus propias versiones funcionales.

Para ello tendrás que tomar en cuenta algunas cosas.

• El crear algo da mucha satisfacción. ¡No hay nada que dé más placer que el crear algo novedoso, bello, único, algo que es completamente tuyo!

• Pero el crear, construir, diseñar, inventar e ingeniar requiere mucho trabajo. Debes estar dispuesto a esforzarte al máximo, especialmente para aprender y experimentar.

• Necesitas tener valor. Tu modelo puede fallar la primera vez, la segunda vez, la tercera vez. ¡Pero no importa! Los hermanos Wright estudiaron pájaros, hicieron observaciones, probaron varios diseños que fallaron por años y años antes de lograr su primer vuelo exitoso. Si tu modelo falla muchas veces, no te preocupes. Ten valor, escucha lo que te dice tu modelo y haz los cambios necesarios cada vez que experimentes con él. ¡Te funcionará!

• ¡Juega con los materiales! Observa, la interacción del uno con el otro, con tu modelo, con el mundo. Por ejemplo, ¿alguna vez has tratado de juntar los polos iguales de dos imanes? ¿A qué distancia comienzas a sentir que se repulsan? ¿Cómo se siente cuando mueves los imanes fuera del área de sus ejes respectivos? ¿Y si los mueves alrededor el uno del otro? ¡Intenta estas cosas! ¡Así aprenderás! Solo cuando juegues, observes y escuches comenzarás a entender cómo funciona el mundo que te rodea. Así es como los grandes científicos e inventores trabajaron. ¡Y tú puedes ser uno de ellos si haces lo mismo!

¡Bienvenido y comparte el placer de encontrar cómo funcionan las cosas!

haz una...

pajáro

¡PLANEAR! Diseña + construye + vuela planeadores con figura de pájaro. Observa cuáles diseños vuelan más lejos.

En la naturaleza, los pájaros como la Gaviota, el Albatros, la Golondrina y el Vencejo son excelentes planeadores porque tienen alas largas y angostas. Flotan en el aire mucho tiempo sin necesidad de aletear. ¿Puedes nombrar otros pájaros con alas largas y angostas que sean buenos planeadores?

ISi las miras de lado notarás que las alas de los pájaros tienen curvatura. Esta curvatura del ala se llama perfil alar. El perfil alar cambia la dirección del fluido de aire: empuja el fluido hacia abajo.

Como corresponde a las leyes de movimiento de Newton, si el aire es empujado hacia abajo por el perfil alar (la curvatura del ala) el perfil alar será empujado para arriba por el aire, ocasionando el levantamiento. Las alas y el pájaro suben. Este es el concepto de Acción-Reacción; cada fuerza que se ejerce produce una de igual intensidad y opuesta. Puedes hacer una prueba lanzando una pelota de básquetbol al mismo tiempo que estés parado sobre una patineta. ¿Te moviste en la dirección opuesta a la pelota (¡debiste!)? Tu movimiento hacia atrás se debe a la fuerza de la pelota de básquetbol empujándote hacia atrás.

Observa también el ángulo del ala (de lado). ¿Notas alguna diferencia cuando el ala está más empinada? Entre más empinado es el ángulo del ala, más fuerza de levantamiento se generará y el pájaro subirá aún más.

reúne	
	TABLA PÓSTER U HOJA DE PAPEL GRUESO (1 HOJA) **PESO PARA LA NARIZ (CLIPS PARA PAPEL O PLASTILINA)** **CINTA ADHESIVA** **TIJERAS** **REGLA**

experimenta

1. Observa a distintos pájaros en la naturaleza o en videos.
2. Dibuja las diferentes figuras de ala de aquellos pájaros que hayas observado y que planean más lejos.
3. Inventa un diseño de figura de ala de tu propia creación dibujándolo primero sobre una hoja de papel. ¡Esto te permitirá organizar la figura de tu diseño cuidadosamente. ¡Una vez cortado el material, te será muy difícil volver a juntar las piezas!
4. Construye el cuerpo de tu pájaro. Escoge una figura que será fuerte y que pueda sobrevivir muchos choques.

5. Recorta la parte horizontal y vertical de la cola.
6. Dibuja y recorta las alas. Recorta distintas figuras de alas para probarlas.
7. Junta y pega todas las partes asegurándote que las alas y la cola estén a igual distancia sobre el cuerpo.
8. Coloca un poco de plastilina o usa los clips para papel y forma la nariz que servirá como peso.
9. Lanza el planeador con cuidado y observa cómo vuela. Si sube o baja en forma demasiada empinada quizás no esté balanceado. Piensa cómo puedes equilibrarlo. Haz la prueba con otras alas y usa otros ángulos de ala.

¿Qué ángulo le funciona mejor a tu pájaro? ¿Por qué piensas que este ángulo funciona mejor? ¿Cuáles son las figuras de ala que ayudan a tu pájaro a volar más lejos? ¿Qué es lo que te llena de más orgullo en tus observaciones de la naturaleza?

reflexiona

barco

¿Te has preguntado cómo las velas ayudan a un barco a moverse hacia adelante? Habrás notado que las velas de los veleros – empujadas por el viento o el flujo del aire - tienen curvatura (cuando las observas de lado, desde arriba o desde abajo). Esta figura curvilínea se llama perfil alar (como el ala de un pájaro – ve el proyecto de pájaro en la página 1). En el velero, el perfil alar cambia la dirección del flujo del aire, empujándolo hacia atrás en cierta dirección. Es como un reflector para el aire. El aire choca contra la vela o el perfil alar y rebota. La dirección que toma el aire dependerá del ángulo de la vela con respecto al viento o flujo de aire que le llega.

Cuando la vela o el flujo de aire empujan de regreso al flujo de aire o viento que entra, el barco se mueve hacia adelante. El barco es empujado hacia adelante exactamente en la dirección opuesta a la dirección en que el viento es empujado de regreso. El fenómeno se explica con las leyes de movimiento de Newton que dictan que para cada fuerza que ejerce la vela sobre el aire, tiene que haber una fuerza igual y opuesta del aire sobre la vela. Este es el concepto de Acción-Reacción.

reúne

BOTELLA DE PLÁSTICO
BROCHETA DE MADERA
CARTULINA
PAPEL ALUMINIO
ALAMBRE
CINTA ADHESIVA
TIJERAS
REGLA
VENTILADOR GRANDE Y CUADRADO
CONTENEDOR GRANDE Y ABIERTO CON AGUA

experimenta

1. Dibuja tu diseño de velero sobre una hoja de papel antes de comenzar. ¡Esto te ayudará a planear el diseño cuidadosamente ya que una vez cortada la botella te será difícil volver a juntar y pegar las piezas!
2. Basándote en tus dibujos, construye el cuerpo del barco usando las piezas de la botella de plástico (pide ayuda a un adulto para cortar la botella y así evitar orillas afiladas o puntiagudas).
3. Adhiere una brocheta de madera a la base del barco.
4. Moldea el papel aluminio para forma una vela curva que cubra la

brocheta. Diseña la vela de manera que no se aplaste (ya que el papel aluminio se puede aplastar fácilmente). Intenta colocar algunas abrazaderas usando tabla póster o alambre.

5. Prueba el velero en el agua y observa la dirección que toma dependiendo de cómo diriges el ventilador y el ángulo de la vela.

¿Qué ángulo ayuda a tu velero a viajar más lejos? ¿Por qué piensas que este ángulo funciona mejor? ¿Qué figura de vela ayuda a tu barco a viajar más lejos? ¿Qué aspecto de tu barco te llena de más orgullo?

reflexiona

máquina rube goldberg

TRANSFERENCIA DE ENERGIA: diseña + construye + pon en marcha una máquina Rube Goldberg.

Las máquinas Rube Goldberg son artefactos que realizan una tarea sencilla de una manera única, divertida e indirecta. Algunas máquinas Rube Goldberg usan una serie de acciones complicadas para mover un objeto tan solo de un lado a otro.

Cualquier objeto que se mueve tiene algo llamado energía kinetica; darle a un objeto más velocidad significa darle más energía kinética. La energía kinética puede transferirse de un objeto a otro por medio de una colisión. Esto es semejante a la caída de un dominó sobre otro. Aún sin una colisión, los objetos pueden adquirir energía kinética si caen o ruedan por una rampa. El propósito de la máquina Rube Goldberg es el de encontrar maneras creativas de lograr este tipo de transferencia de energía usando una variedad de máquinas sencillas (ve el experimento) que están unidas formando una máquina más compleja.

reúne

> **¡CUALQUIER COSA QUE PUEDAS ENCONTRAR EN TU CASA!**

experimenta

Intenta hacer TU PROPIA Y ÚNICA máquina Rube Goldberg experimenta usando cada una de las seis máquinas sencillas descritas a continuación y que puedan transferir energía de cinco maneras distintas:

POLEA: Una máquina sencilla que usa ruedas acanaladas y una cuerda para mover una carga hacia arriba o hacia abajo.

PALANCA: Una barra rígida que descansa sobre un soporte (llamado fulcro) capaz de levantar o mover una carga.

CUÑA: Un objeto que tiene por lo menos un lado inclinado y que termina en una orilla filosa que separa el material.

RUEDA Y EJE: La rueda y el eje levantan o mueven cargas.

PLANO INCLINADO: Una superficie inclinada que une a un nivel inferior con uno superior.

TORNILLO: Un plano inclinado que envuelve un poste y junta cosas o levanta materiales.

1. Decide qué tarea quieres que haga la máquina Rube Goldberg. Por ejemplo, puede mover una pelota hacia una caja o abrir una puerta.
2. Piensa de qué manera harás que tus materiales tengan interacción. ¿Cómo puede la transferencia de energía comenzar una cadena de acciones? Intenta probar cada transferencia de energía antes de armar el artefacto. Asegúrate de haber pensado en cinco distintas transferencias de energía que quieras implementar.

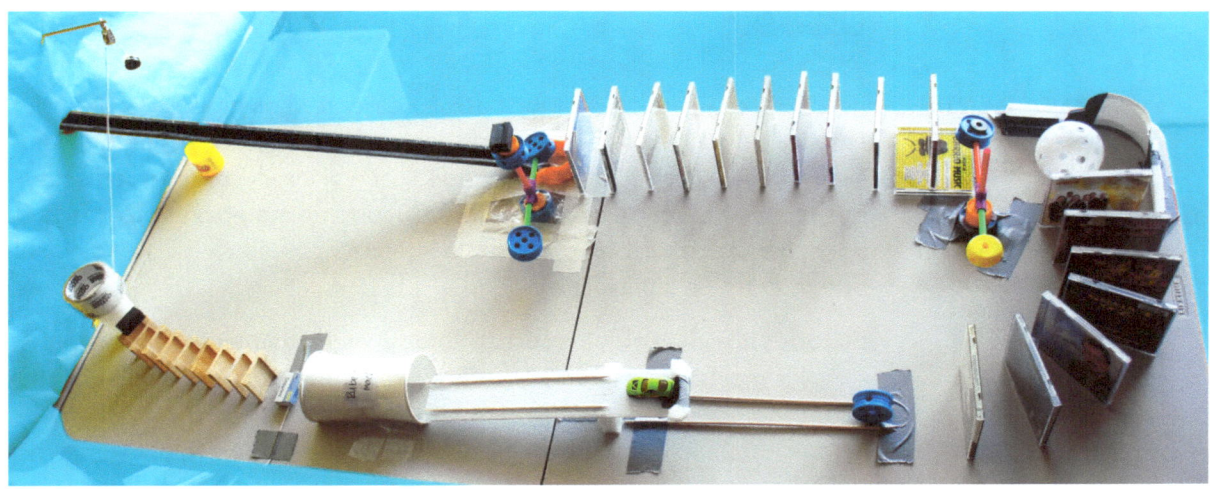

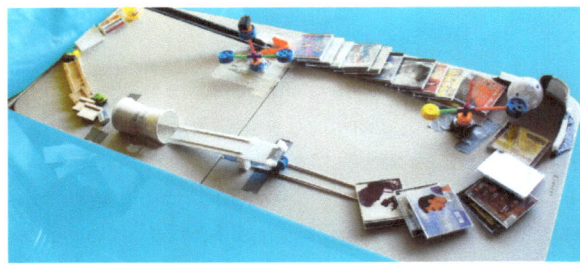
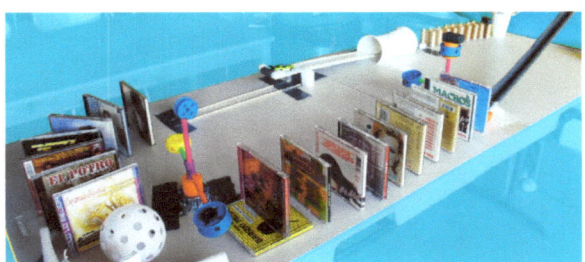

3. Una vez que hayas terminado con todas las pruebas, arma tu Rube Goldberg y observa cómo hace la tarea que escogiste de forma muy complicada pero divertida. Si el Rube Goldberg se detiene a media tarea, vuelve a hacer tus pruebas y vuelve a diseñar la transferencia de energía que haya fallado.

¿Cuántas transferencias de energía tuvo tu Rube Goldberg? ¿Cuáles son algunas de las transferencias de energía que puedes observar en tu habitación, afuera de tu ventana, en elpatio del recreo? ¿Cómo puedes modificar tu máquina Rube Goldberg usando el viento para transferir energía? ¿Y para transferir agua o energía solar?

reflexiona

globo de aire caliente

**¡AIRE CALIENTE!
Diseña + construye
+ vuela un globo de
aire caliente para
levantar un peso. Entre
mejor diseñado el
globo, más peso podrá
levantar.**

¿Por qué se levantan los globos de aire caliente? Los globos de aire caliente suben porque están llenos de aire más caliente que el aire que los circunda, y el aire caliente es más ligero que el aire frío. ¿Por qué es más ligero el aire caliente que el aire frío? Cuando un material es calentado, sus moléculas absorben el calor o la energía y con esta energía adicional puede moverse a mayor velocidad.

En todos aquellos objetos susceptibles al estrechamiento o a la expansión, las moléculas con energía adicional pueden separarse más. Cuando las moléculas se mueven, el objeto crece en tamaño o volumen. No cambia de peso porque el número de moléculas no cambia. Está hecho del mismo número de moléculas, simplemente están más separadas las unas de las otras. Esto hace al objeto menos denso pero permite que mantenga el mismo peso.

Cuando comenzamos a calentar el aire de un globo de aire caliente, las moléculas de aire comienzan a moverse con más energía. El globo se expande a la vez que se expande el aire caliente pero su peso no cambia inmediatamente. Una vez que el globo se ha expandido al máximo, las moléculas energéticas comienzan a escapar por el hueco en la parte inferior. Con menos moléculas en su interior el globo se hace más ligero que el aire más frío a su alrededor y el globo comienza a subir.

reúne

> **TABLA PÓSTER (1 HOJA)**
> **PAPEL CREPÉ (DE 10-12 HOJAS)**
> **PEGAMENTO**
> **TIJERAS**
> **REGLA**
> **PEDAZO DE ALAMBRE PARA FORMAR UN ARO**
> **CUERDA**
> **SECADORA DE PELO**

experimenta

1. Dibuja y recorta un esténcil sobre la tabla póster para formar los paneles laterales del globo de aire. Lo usarás para hacer recortes al papel crepé del mismo tamaño. Dibuja alguna figura común que hayas observado en los globos modernos o trata de crear una figura nueva que te gustaría probar.
2. Usando tu propio esténcil corta 8 piezas del papel crepé para formar los paneles laterales.

3. Pega los paneles juntándolos para formar el globo.

4. Corta y pega un pedazo de papel crepé en forma de círculo a la parte superior del globo de aire para taparlo.

5. Corta un pedazo del rollo de alambre en forma de círculo.

6. Colócalo en la parte inferior del globo, dobla el papel crepé sobre el alambre para cubrirlo y pégalo.

7. Haz una canastita con la tabla póster y sujétala con la cuerda o pégala al aro de alambre. Coloca un peso en la canastita.

8. Calienta el globo con la secadora de pelo y ¡observa como se levanta!

reflexiona

¿Cómo afecta el tamaño del globo al peso que está en la canasta? ¿Por qué piensas que el tamaño lo afecta? Observa diseño antiguos de globos. Experimenta con ellos y haz pruébalos para ver si alguna figura en particular funciona mejor para llevar más peso. ¿Qué te enorgullece de lo que has aprendido?

casa fresca

¡CONVECCIÓN! Diseña + construye una casa con puertas y ventanas cuidadosamente ubi das para poder retirar el aire caliente y refr- escar la casa en forma pasiva (sin necesidad de usar ventiladores o el aire acondicionado). La meta es la de con- servar energía.

Si tienes un ático o alguna vez has estado en un ático en un día caluro- so, ¿habrás notado que es mucho más caluroso que el resto de la casa? ¿Y cómo se siente en el sótano? Antes de la invención del refrigerador, se usaban los sótanos para almacenar comida porque eran mucho más frescos. La próxima vez que haga mucho calor dentro de tu casa, acuéstate sobre el piso y verás cómo se siente. Se siente mucho más fresco que cuando estabas de pie, ¿No es verdad?

El aire caliente sube porque es más ligero, o es menos denso, que el aire frío. Las moléculas de aire con más calor o energía se mueven a velocidades más altas y terminan más separadas. De manera que en la misma cantidad de espacio (volumen), el aire caliente tendrá menos moléculas que el aire frío. Esto lo hace menos denso o ligero y es por eso que sube.

Al subir el aire más caliente y bajar el aire más frío, se crea un movimiento direccional del aire llamado corriente de convección.

¿Alguna vez has ponderado por qué en un día caliente se siente más calor dentro de un vehículo estacionado que afuera de él? Esta concen- tración de calor dentro del vehículo se debe al efecto de invernadero. Un invernadero es un espacio cerrado hecho de cristal u otro material transparente – usado generalmente para las plantas – que permite que entre la luz solar, atrapando adentro parte de la energía solar. A esta energía atrapada se le llama calor. Un vehículo estacionado en el sol se caliente por esta misma razón, la energía caliente de la luz del sol queda atrapada dentro de él.

reúne

- **CARTULINA**
- **CINTA ADHESIVA**
- **TIJERAS**
- **DOS PALITOS DE INCIENSO Y UN SOPORTE**
- **CAJA DE CERILLOS**
- **TERMÓMETRO**

experimenta

PRECAUCION: solo haz este experimento bajo la supervisión de un adulto.

1. Sabiendo que el aire caliente sube y el aire frío cae, ¿puedes indi- car qué áreas de tu casa son las más calientes? Dibuja y diseña la ubicación de las aperturas (puertas y ventanas) que permitan al aire caliente salir y al aire fresco entrar.
2. Construye tu casa fresca con cartulina.

3. Una vez que la hayas construido, coloca un palito de incienso con su soporte dentro de la casa. ¡TEN CUIDADO DE NO TOCAR LA CARTULINA CON EL PALITO DE INCIENSO PARA QUE NO SE QUEME! Si diseñaste correctamente la ubicación de las puertas y ventanas el humo escapará de la casa y la casa se refrescará con ventilación natural.

4. Coloca un termómetro en distintos lugares dentro de la casa. ¿Dónde registras la temperatura más alta?

¿Qué diseño funcionó mejor? ¿Qué ubicación de las aperturas ayudó a que escapara mejor el humo de la casa? ¿Dónde se registró la temperatura más alta? ¿Por qué? ¿Puedes dar otros ejemplos de convección que observes en tu casa?

reflexiona

laberinto de láser

Diseña un laberinto de láser que refleje el rayo de láser a través de cuantos obstáculos sean posibles.

Cuando las ondas de luz golpean una materia causan que los átomos (específicamente los electrones en los metales) oscilen (se muevan hacia atrás y hacia delante). Estas oscilaciones hacen que los átomos irradien una pequeña onda de regreso y en todas direcciones. Las ondas reflejadas de muchos átomos se combinan para forma un reflejo visible.

En el caso de los metales, los electrones en la capa exterior del átomo (la más lejana al núcleo central) no están afianzados al átomo; son libres de moverse a través del metal con muy poca resistencia. Cuando la luz brilla sobre el metal, hace que estos electrones libres oscilen o vibren y la energía reflejada es luz visible.

Un espejo consiste primordialmente de vidrio, pero también tiene una ligera película metálico en su revés. Esta película metálica es la que refleja la luz al pasar a través del vidrio. El propósito del vidrio es tan solo el de sostener esa película tan ligera.

Algunas ideas, consejos y vocabulario que hay que considerar:

· La trayectoria de luz solo es visible cuando hay partículas de por medio (tales como el humo o la niebla o las partículas de polvo en el aire).
· El mover un espejo hacia atrás no aumenta la cantidad reflejada en él.
· Ángulo incidente = ángulo al que la luz choca con una superficie.
· Ángulo reflejante = ángulo al que la luz es reflejada sobre una superficie.

reúne

MÁQUINA PARA HACER NEBLINA Y JUGO DE NEBLINA (DISPONIBLES EN UNA TIENDA DE ABASTECIMIENTO DE ARTÍCULOS PARA FIESTA)
PUNTERO DE LÁSER (EN FORMA DE LLAVERO O MÁS GRANDE SI ES POSIBLE)
ESPEJOS
CARTULINA
CINTA ADHESIVA
PALITOS DE PALETA
TIJERAS

PRECAUCION: solo haz este experimento bajo la supervisión de un adulto.

experimenta

1. Corta una serie de hoyos en la cartulina. Tu pista de obstáculos se hará más difícil si haces los hoyos muy pequeños.
2. Pega los palitos de paleta a los lados de la cartulina para que la pista de obstáculos se levante. Levántalos con la ayuda de la plastilina.

3. Usa la plastilina para levantar los espejos.
4. Prende la máquina que hace neblina y apúntala hacia la trayectoria de obstáculos.
5. Prende tu puntero de láser y refleja el rayo sobre la mayor cantidad de espejos que te sea posible para que el rayo pase a través de los hoyos en la pista de obstáculos, de un lado al otro del laberinto.

reflexiona

¿Pudiste ver un camino de luz roja cuando enfocaste tu puntero de láser hacia un espejo o hacia otra cosa? ¿Esperabas este resultado? ¿Qué sucede cuando le agregas la neblina? ¿Puedes ver la trayectoria de luz? ¿Qué crees que está sucediendo? ¿Dónde está la imagen que vez en el espejo? ¿Cómo se formó la imagen? ¿Qué sucede cuando mueves el espejo hacia atrás? ¿Puedes ver más de ti o del objeto? ¿Puedes dibujar y explicar cómo es que pasa la luz a través de la pista de obstáculos?

cuenca ocular

REFRACCIÓN:
Construye un modelo de un ojo y observa cómo su lente dobla la luz para reproducir una imagen.

Las ondas de luz viajan a distintas velocidades al atravesar medios (materias) diferentes. Al cruzar la luz de un medio a otro la misma onda cambiará la velocidad a la que está viajando. Esto sucede, como podrás imaginar, porque los dos medios actúan de manera distinta con la luz.

La manera en que la luz viaja a través de una materia es pasándole la energía. Al penetrar una materia, la onda de luz choca con ella y es absorbida por el electrón del átomo de esa materia. El electrón no se queda con la energía por mucho tiempo, y vuelve a emitir la onda de luz.

Este proceso continúa de átomo en átomo, como si cada átomo fuera un jugador de béisbol atrapando la onda de luz y después lanzándola al siguiente átomo. Los átomos de las distintas materias se tardan tiempos diferentes para atrapar y lanzar la onda de luz, haciendo a la luz viajar con más lentitud cuando penetra alguna materia. En un vacuo (un medio vacío carente de átomos) la luz viaja a una velocidad de 299,792,458 metros por segundo o aproximadamente a 186,282 millas por segundo. Cuando atraviesa una materia tarda más tiempo.

Imagínate estar sentado en un barco mirando a los peces dentro de un lago. Para que tu ojo pueda ver esos peces tiene que haber luz viajando del pez a tu ojo. Esa onda de luz viaja lentamente a través del agua y cuando entra al aire se acelera. El camino que traza la onda de luz hace un ángulo con el borde entre el agua y el aire. Este borde es donde la luz se dobla.

Para comprender por qué la luz se dobla, hagamos una analogía. Imagínate que estás empujando un carrito de supermercado abandonado (onda de luz) del césped (agua) hacia un lote de estacionamiento (aire). Si avanzas directamente del césped al lote de estacionamiento, el carrito acelerará después de cruzar el borde. ¿Y si te aproximas al borde en ángulo para que la llanta delantera choque con el pavimento primero, qué sucede?

La llanta delantera comenzará a moverse más rápidamente que las otras llantas y esto hará que el carrito comience a voltearse hacia la izquierda. Una vez que hayas salido del césped estarás apuntando hacia otra dirección. Al pasar por encima del borde doblaste tu camino de la misma manera que la onda de luz dobló su camino, porque la onda se mueve a velocidades distintas a través de las diferentes materias. A esto se le llama refracción.

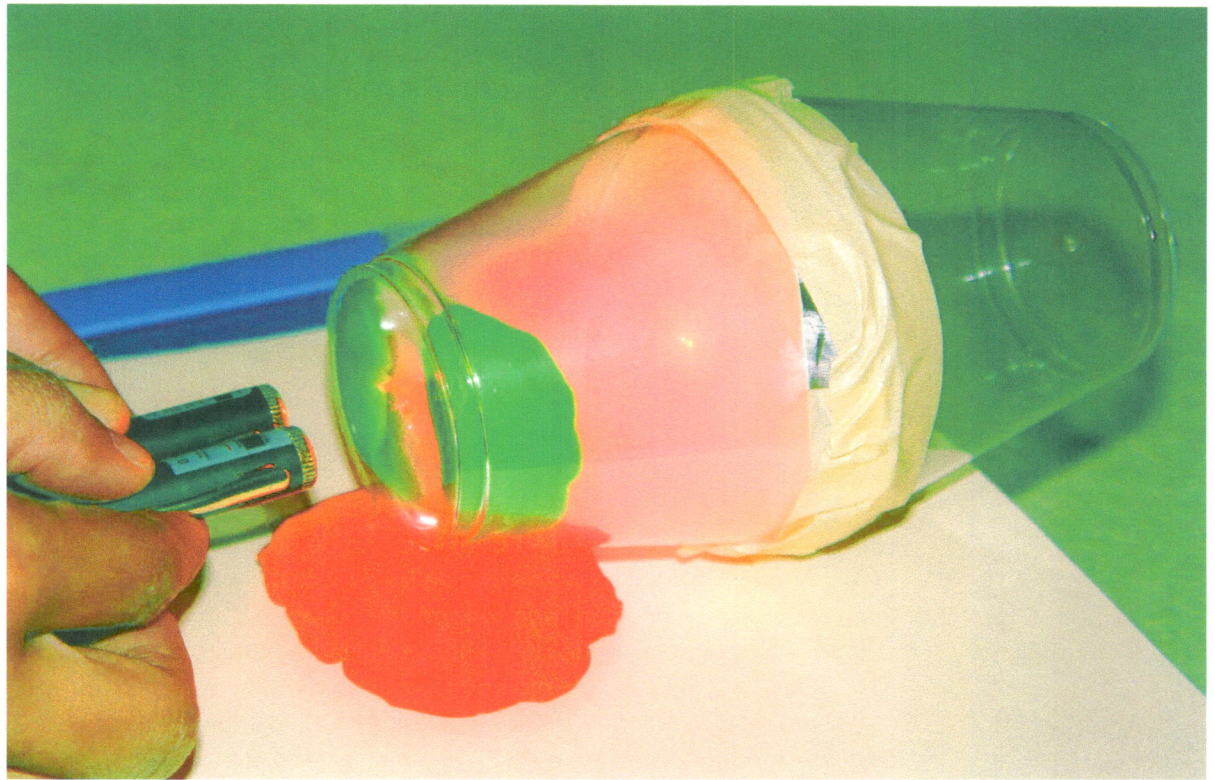

El tratar de entender el concepto de refracción te ayudará a entender mejor cómo funciona el ojo. El lente en tu ojo (la parte curva de enfrente del globo ocular) dobla las ondas de luz que le penetran. Las ondas de luz se doblan para que puedan juntarse y "enfocar" a una distancia específica detrás del lente, llamada la distancia focal.

El lente de tu ojo funciona de la misma manera que otros lentes (cámara, telescopio, microscopio): dobla las ondas de luz, cambiando su dirección. Los lentes pueden hacer esto porque están hechos de un materia distinta al de otros medios o materias a su alrededor. La luz pasa a través del aire y es doblada por el lente de cristal.

Si se coloca un objeto enfrente del lente, parte de la luz que rebota del objeto entrará al lente. Esta luz rebotada es refractada a través del lente enfocándose como "imagen." Piensa en una cámara. Si colocas un objeto en frente de la cámara, la luz rebota sobre el objeto y pasa a través del lente donde se refracta. El lente usa la refracción para enfocar la luz y formar una imagen. En una cámara digital esa imagen es la que se proyecta en la pantalla trasera.

Levanta uno de los lentes de aumento alejándolo de tu cuerpo y mira a tus amigos a través de él. ¿Cómo puedes saber si la luz que pasa a través del lente está cambiando de dirección?

reúne

DOS CUENCAS DE PLÁSTICO TRANSPARENTE (POR LAS CUALES PUEDAS MIRAR CLARAMENTE SIN DISTORCIÓN)
UNA HOJA DE PAPEL ENCERADO O PAPEL PARA TRAZAR
TIJERAS
UN LENTE DE AUMENTO

experimenta

1. Junta las cuencas, orilla con orilla (apertura con apertura).
2. Pégalas. Cuando termines deberán parecer una pelota aplastada. Este modelo representa el globo ocular.
3. Corta un círculo del papel encerado o papel para trazar. El papel recortado deberá poder cubrir el fondo de una de las cuencas.
4. Ahora pégalo al fondo de una de las cuencas. El papel actuará como una pantalla donde se formará la imagen.
5. Pega el lente al fondo de la cuenca del lado opuesto del papel.
6. Coloca tu modelo del ojo entre algún objeto que quieras mirar y tu propio ojo. Ajusta la distancia entre el modelo y tu ojo hasta que se forme una imagen clara en la pantalla. Mira el papel. ¿Vez una imagen en él? ¿Qué forma tiene?
7. ¿Está boca abajo? ¿Qué color tiene?
8. Mueve el modelo del ojo un poco apuntando en otra dirección y observa qué sucede con la imagen. ¿Qué vez si apuntas el lente de tu modelo del ojo hacia tus amigos o hacia tus padres?
9. Describe la imagen que estás viendo.

reflexiona

¿Qué fue lo que te costó más trabajo al construir este modelo? ¿Puedes usar el modelo del ojo para demostrarles a tus amigos o a tus padres cómo funciona el ojo? ¿Qué te gustó más de este experimento?

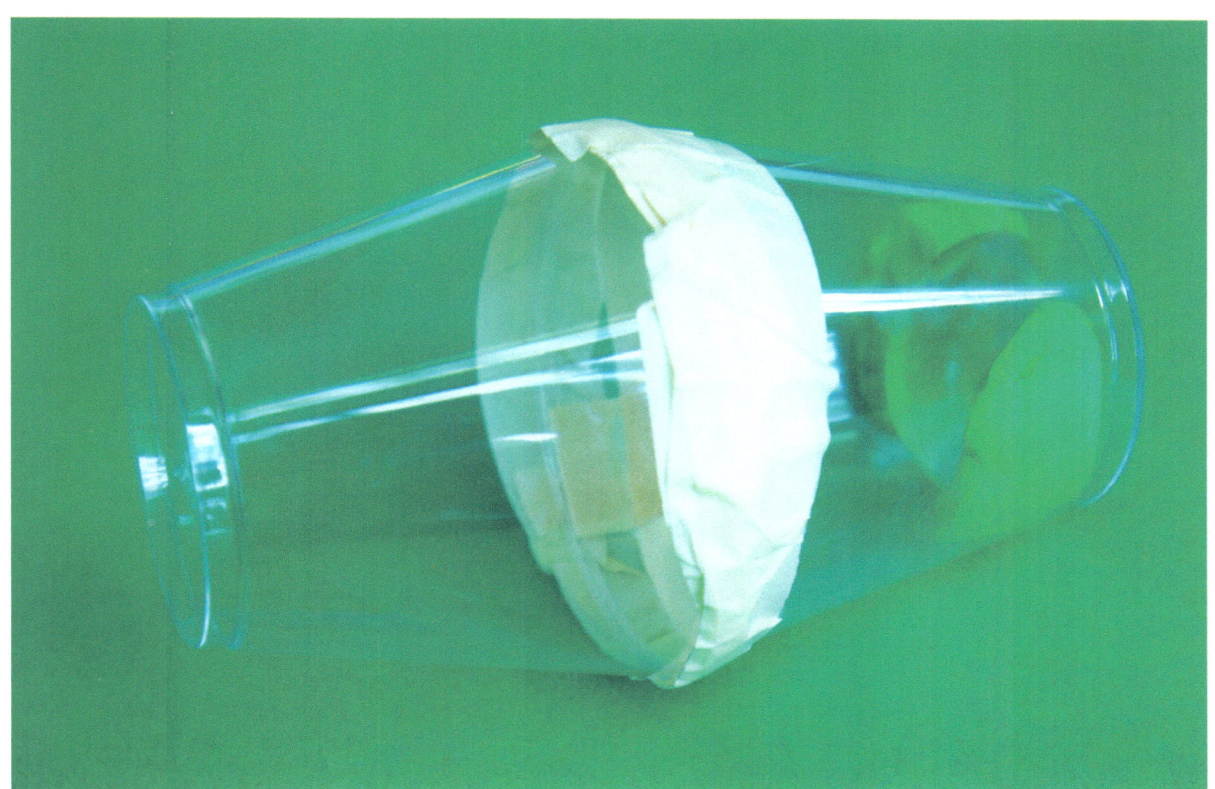

corazón

Tu corazón bombea y circula sangre a cada parte de tu cuerpo para proveer a todas tus células del oxígeno y los nutrientes que necesita para sobrevivir. En un solo día, tu corazón es capaz de bombear aproximadamente de 1,000 – 2,500 galones de sangre. ¡Para mantenerte vivo, tu corazón funciona sin interrupción o descanso! Pero, desafortunadamente, el corazón no es indestructible. Las personas pueden averiar o debilitar su corazón, o pudieron haber nacido con un corazón más débil. Esto puede provocar un colapso cardíaco cuando el corazón es incapaz de bombear suficiente sangre para mantener las necesidades del cuerpo.

En los casos más severos de colapso cardíaco, la única solución a largo plazo es la de reemplazar al corazón. Por muchos años la única solución al reemplazo era un trasplante por medio del cual un corazón que está fallando es reemplazado por un corazón vivo de un donador de órganos. Debido a lo complicado de este procedimiento (por muchas razones), recientemente los doctores, los científicos, y los ingenieros han creado otra opción de trasplante: ¡el corazón artificial!

Hacer un corazón artificial era muy difícil porque se trata de reemplazar algo muy complejo. Existen cuatro cámaras en tu corazón, y cada una tiene una labor específica para asegurar que tu cuerpo tenga suficiente oxígeno. La sangre entra al atrio derecho del cuerpo. Esta sangre tiene poco oxígeno pero mucho dióxido de carbono. La sangre es bombeada al ventrículo derecho y la siguiente parada son los pulmones para desechar el dióxido de carbono y recoger más oxígeno. De los pulmones la sangre es bombeada de regreso al atrio izquierdo y de ahí al ventrículo izquierdo donde finalmente es bombeada de regreso a tu cuerpo.

Un corazón artificial tiene que ser diseñado para cumplir el trabajo de cada cámara original en forma correcta ¡Esto es muy difícil! Además, el corazón artificial necesita una fuente de energía. Un corazón humano de verdad está compuesto de músculo, y como los músculos de tus brazos y piernas, el corazón depende de la comida que consumes para proveerlo de la energía necesaria para bombear la sangre, pero un corazón artificial no puede utilizar la comida que consumes.

Hay varios corazones artificiales en existencia, pero también tienen problemas por su tamaño, su peso y sus conexiones.

El JARVIK 7 fue el primer corazón artificial que se usó en humanos en

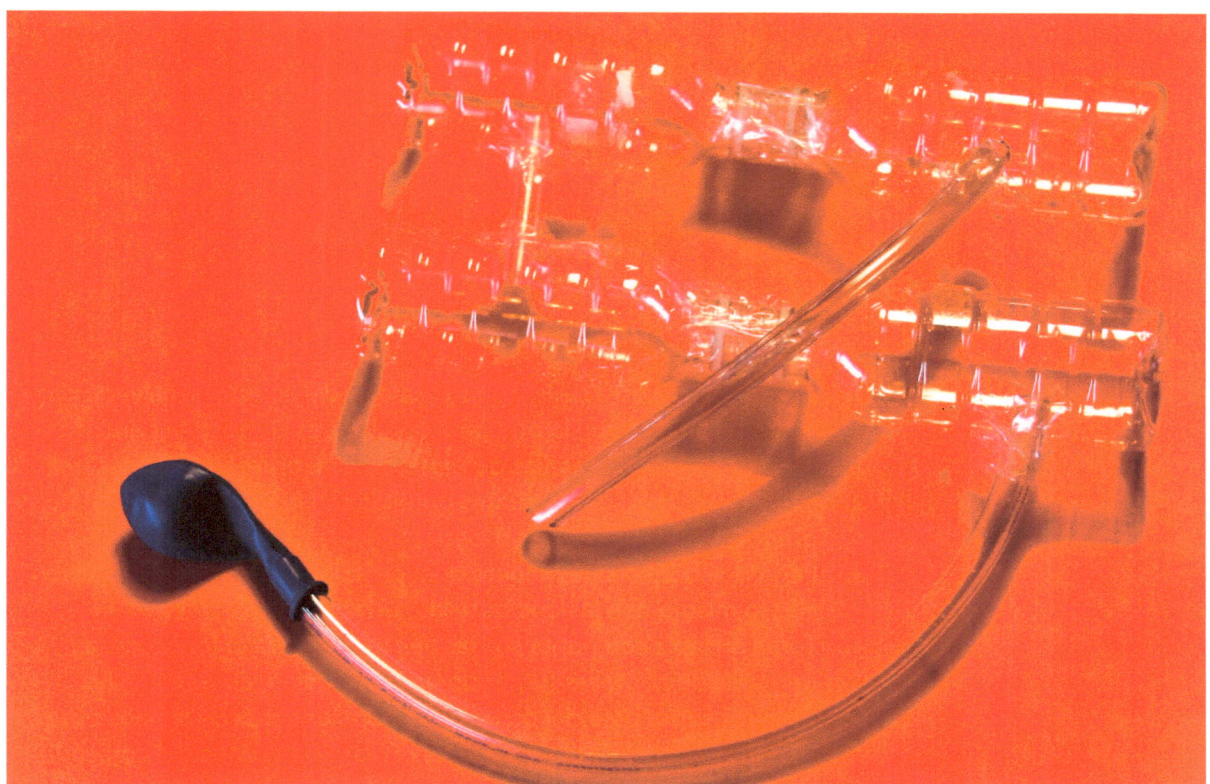

1982. Este corazón tiene tan solo dos bombas que reemplazan las dos cámaras inferiores del corazón que ha dejado de funcionar en una persona. El sistema de energía para este corazón es muy grande y voluminoso y se conecta con las bombas por medio de tubos que tienen que atravesar la piel - ¡ay!

ABIOCOR, una versión más reciente, tiene una bomba mecánica que reemplaza completamente la acción de bombeo de las cámaras inferiores del corazón humano. Permite a los doctores retirar el corazón de una persona por completo y reemplazarlo con un sistema totalmente nuevo. El problema que tiene este modelo es que gran parte del equipo tiene que colocarse dentro del cuerpo. El equipo es voluminoso y pone mucha presión sobre los demás órganos.

TUBO DE PLÁSTICO
CUATRO PEQUEÑAS BOTELLAS DE PLÁSTICO
COLORANTE VEGETAL
POPOTES GRUESOS
POPOTES DELGADOS
TIJERAS
CINTA ADHESIVA
GLOBOS

experimenta

1. Dibuja un diagrama de las cuatro cámaras del corazón señalando cómo se conectan una con la otra para que lo uses como guía para organizarte. Usarás las botellas de plástico para representar a las cámaras.
2. Perfora las tapas de las cuatro botellas con hoyos lo suficientemente grandes para que pase la tubería.
3. Pega dos botellas de manera que los lados de las tapas se toquen. Haz lo mismo con las dos botellas restantes.
4. Toma un lápiz con punta o unas tijeras y perfora el fondo de las primeras dos botellas haciendo un hoyo. Estas representan las cámaras superiores del corazón. Perfora las tapas de las dos botellas restantes. Estas representarán las cámaras inferiores del corazón.
5. Usa el tubo de plástico transparente para unir las botellas superiores con las inferiores usando los hoyos que hiciste. La botella inferior tendrá el tubo de hule tocando la parte de abajo de la botella inferior de manera que al exprimirla el agua fluirá por el tubo y se verterá en la botella de arriba.
6. Acuérdate de ponerle válvulas a las tapas de la botella inferior para que no se escape el agua y llene la botella superior cuando exprimas la botella inferior. Haz lo mismo con el otro lado para que termines tu corazón de cuatro cámaras.

reflexiona

¿Qué cambio harías a tu corazón de cuatro cámaras para que el bombeo mejore? ¿Qué sucedería si tu corazón tuviera solo tres cámaras? ¿A dónde iría la sangre de la cámara superior? ¿Por qué el corazón necesita un lado izquierdo y un lado derecho?

pega
tu diagrama
del corazón
aquí

sistema de plomería

¡Diseña un sistema de plomería que pueda distribuir agua a cinco "células" de tu cuerpo en menos de 30 segundos!

Tu sistema circulatorio controla el movimiento de la sangre a través de tu corazón y por todo tu cuerpo. La sangre circula (se mueve) en un circuito cerrado, continuo. El movimiento es generado (comienza) por la acción de bombeo del corazón.

Tu casa también tiene un sistema circulatorio, pero en lugar de sangre, empuja agua. Se llama el sistema de plomería y está compuesto de bombas, tuberías y válvulas.

Tanto tu cuerpo como tu casa tienen sistemas circulatorios que operan usando las mismas partes y conceptos.

· Una bomba: el corazón (cuerpo); una bomba mecánica (casa).
· Vasos de distribución: las arterias y venas (cuerpo); tuberías (casa).
· Válvulas de control: válvulas en el corazón (cuerpo); los grifos y la palanca del inodoro (casa).
· Ellos transportan tanto nutrición como desperdicios: la sangre transporta oxígeno y nutrientes y quita los desperdicios de las células (cuerpo); el sistema de plomería transporta tanto agua fresca como aguas negras (casa).

Una de las tareas más importantes del sistema circulatorio es la de entregar nutrición y remover los desperdicios por medio de la sangre – a las células – a una velocidad increíblemente alta. El tamaño de tus vasos sanguíneos controla la velocidad del flujo de sangre: en los vasos grandes el flujo es lento mientras que en los pequeños se acelera. Esto se debe a que la misma cantidad de sangre tiene que moverse bajo la misma presión (la presión del bombeo de tu corazón). Si la apertura es más pequeña, la presión será más grande y será empujada más rápidamente.

reúne

TUBERIA DE PLÁSTICO
POPOTES GRUESOS
POPOTES DELGADOS
TIJERAS
CINTA ADHESIVA
CINCO VASOS
GLOBOS

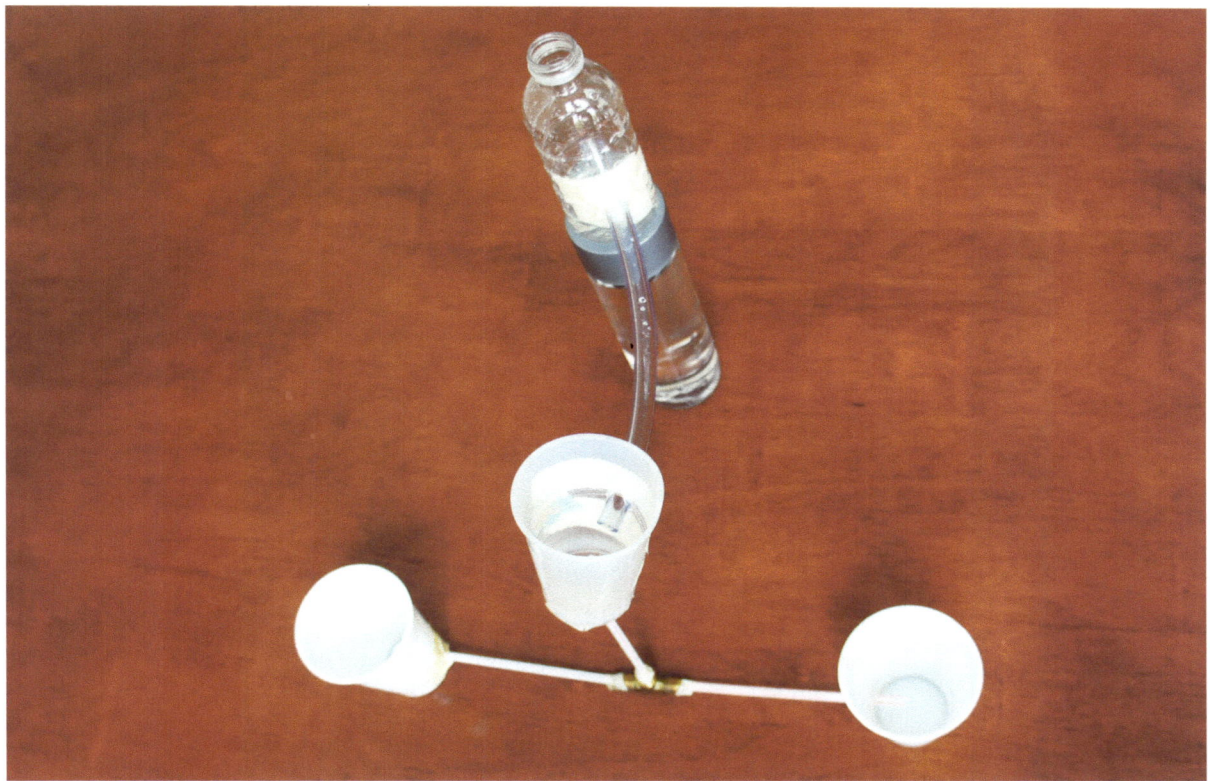

experimenta

1. Dibuja ideas para tu diseño, calculando cómo funcionará el sistema para llenar experimenta a todas las células al mismo tiempo. Esto es imprescindible.
2. Usa los materiales de la lista para construir tu sistema de plomería.
3. Verifica si existen goteras en tu tubería. También comprueba si necesitas añadir algunas válvulas para controlar el flujo de "sangre".
4. ¡Vierte agua a la entrada de tu sistema de plomería y observa cómo fluye!

reflexiona

¿Qué cambio podrías hacer a tu sistema de plomería para que la "sangre" fluya a todas las células con más rapidez? ¿Y con menos rapidez? ¿Cómo afecta el tamaño de la tubería a la velocidad con que fluye la sangre?

bafle

¿Alguna vez has ponderado cómo es que puedes escuchar un sonido emitido muy, muy lejos? La mayoría de las veces no puedes verlo o sentirlo. Sin embargo, en ocasiones, si el sonido es suficientemente fuerte, ¡puedes sentir sus vibraciones!

Se puede pensar del sonido como ondas de presión que se mueven longitudinalmente (en dirección recta del sonido sin subir ni bajar). El sonido puede moverse a través de todo tipo de medios: el aire, el agua e inclusive materiales duros como la madera.

El medio o materia por el cual pasa el sonido se compone de varias moléculas pequeñas. Cuando estas moléculas vibran por alguna fuerza ejercida sobre ellas, transfieren o pasan las vibraciones a las moléculas próximas a ellas. Esta transferencia continua resulta en una onda de sonido, una onda de vibraciones transferidas.

Puedes crear un sonido con tus cuerdas vocales, pero también moviendo algo entre tus manos, como por ejemplo el mover un abanico a través del aire. Inténtalo. ¿Puedes escuchar algo? Estas son moléculas de aire que pasan la energía que enviaste como vibraciones en forma de onda de sonido. ¡Pusiste presión sobre el aire y lo hiciste vibrar!

reúne

IMÁN DE NEODIMIO
CABLE DE 32 O 34 AWG (ALAMBRE DE CALIBRE AMERICANO)
VASO DE PLÁSTICO
CLIP TIPO COCODRILO
PAPEL DE LIJA
CINTA ADHESIVA
PEGAMENTO
TIJERAS
LÁPIZ
AUDÍFONOS

experimenta

1. Dejando libre una cola de alambre de 10 centímetros al principio y al final, envuelve el alambre unas cincuenta veces alrededor de un pedazo de papel cartulina hecho bola.
2. Usa el papel de lija para frotar y quitarle al material aislante las puntas de las colas.
3. Pega el imán sobre la parte exterior y fondo de un vaso de plástico.
4. Separa los bafles de los audífonos cortándolos y quítales el material

de plástico aislante para dejar expuestos los cuatro alambres. Lija
los alambres para quitarles todo residuo de material aislante.

5. Enchufa el conector de los audífonos y aumenta el volumen del
    aparato que estés empleando.

6. Conecta algunos de los alambres expuestos de los audífonos a las
    colas libres del alambre en rollo. Prueba tu selección levantando el
    papel enrollado hacia arriba y hacia abajo con el alambre en rollo
    cerca del imán. Experimenta con la conexión hasta que escuches
    los sonidos adecuados.

¿Cómo puedes cambiar tu diseño para incrementar el volumen de tu bafle? ¿Qué puedes hacer para mejorar la calidad del sonido? ¿Cómo afecta al sonido el tamaño del vaso?

reflexiona

lectura adicional

FÁCIL

The Great International Paper Airplane Book por George Dippel, Howard Gossage y Jerry Mander, 1971.

Body. Make It Work! por Andrew Haslam, 2000.

Flight. Make It Work! por Andrew Haslam, 2000.

Insects. Make It Work! por Andrew Haslam, 2000.

Photography. Make It Work! por Andrew Haslam, 2000.

Sound. Make It Work! por Andrew Haslam, 2000.

Everyday Machines: Amazing Devices We Take for Granted por John Kelly, con David Burnie y Obin, 1995.

The Robot Zoo: A Mechanical Guide to the Way Animals Work por John Kelly, Dr. Philip Whitfield y Obin, 1994.

The New Way Things Work por David Macaulay, con Neil Ardley, 1998.

The Amazing Book of Paper Boats: 18 Boats to Fold and Float por Melcher Media (creator), con Willy Bullock (illustrator) y Jerry Roberts (text author), 2001.

Illustrated Guide to Aerodynamics por Hubert Smith, 1991.

700 Science Experiments for Everyone compilado por la UNESCO, 1964.

Amateur Naturalist: A Practical Guide to the Natural World por Gerald Durrell con Lee Durrell, 1993.

Why Things Break: Understanding the World By the Way It Comes Apart por Mark Eberhart, 2004.

The Seven Secrets of How to Think Like a Rocket Scientist por James Longuski, 2006.

How to Design a Boat por John Teale, 2003.

The Simple Science of Flight por Henk Tennekes, 1996.

Physics, Fun, and Beyond: Electrifying Projects and Inventions from Recycled and Low-Cost Materials por Eduardo de Campos Valadares, 2005.

The Flying Circus of Physics por Jearl Walker, 2006.

AVANZADA

www.ingramcontent.com/pod-product-compliance
Lightning Source LLC
Chambersburg PA
CBHW050411180526
45159CB00005B/2233